Technische und rechtliche Unterscheidungsmerkmale von Fahrrädern, Pedelecs, S-Pedelecs und E-Bikes

Nils Cordes

Bibliografische Information der Deutschen Nationalbibliothek:

Die Deutsche Nationalbibliothek verzeichnet diese Publikation in der Deutschen Nationalbibliografie; detaillierte bibliografische Daten sind im Internet über http://dnb.d-nb.de abrufbar.

ISBN: 9783346533395
Dieses Buch ist auch als E-Book erhältlich.

Nymphenburger Straße 86
80636 München

Druck und Bindung: Books on Demand GmbH, Norderstedt Germany
Gedruckt auf säurefreiem Papier aus verantwortungsvollen Quellen

Das Buch bei GRIN: https://www.grin.com/document/1148216

FOM Hochschule für Oekonomie & Management Hamburg

Standort Hamburg

Berufsbegleitender Studiengang zum

B. Sc., Wirtschaftsingenieurwesen

1. Semester

Seminararbeit in „Arbeitsmethoden und Softwareanwendungen“

Technische und rechtliche Unterscheidungsmerkmale von Fahrrädern, Pedelecs, S-Pedelecs und E-Bikes

Autor: Nils Cordes;

Abgabedatum: 06.01.2019

Inhaltsverzeichnis

Tabellenverzeichnis

Abbildungsverzeichnis

1 Einleitung

1.1 Problemstellung und Relevanz

Elektro-Zweiräder sind in unserem täglichen Leben fast allgegenwärtig. Das Hauptthema dieser Seminararbeit sind die technischen, sowie rechtlichen Unterscheidungsmerkmale von Fahrrädern, Pedelecs, S-Pedelecs und E-Bikes. Ein auftretendes Problem ist die Ungewissheit der Mehrheit der Kaufinteressenten bzw. Besitzer eines Elektro-Zweirades, da die Meisten die Unterscheidungsmerkmale zwischen den einzelnen Varianten nicht genau kennen. In den Medien wird für Elektrofahrräder häufig das Wort „E-Bike" als Oberbegriff verwendet, das zu Verwirrung sorgt.[1] 95-97% der verkauften Elektro-Zweiräder im Jahr 2017, waren Pedelecs und keine E-Bikes.[2] Dadurch können schnell Fehlkäufe und/oder eine Ordnungswidrigkeit entstehen, wenn der Käufer z. B. nicht aufgeklärt wurde, mit welchem Pedelec oder E-Bike auf welchen Straßen oder Wegen gefahren werden darf oder ob eine Helmpflicht besteht.[3] So wird schnell ungewollt gegen bestehende Gesetze verstoßen, sodass Geldbußen fällig werden können. Die Gefahr zu verunfallen ist höher, wenn der Fahrer das technische sowie rechtliche Wissen nicht aufweist, da die Technologien weit fortgeschritten sind.[4] Die Elektro-Fahrräder werden deshalb in dieser Seminararbeit von dem konventionellen Fahrrad abgegrenzt und die genauen Unterschiede erläutert. Diese Wissenslücke legitimiert den Umfang dieser Arbeit.

1.2 Ziele und Gliederung

In Bezug auf das Kapitel 1.1 erwähnte zugrunde liegende Problem, besteht das Ziel dieser Seminararbeit darin, die technischen und rechtlichen Unterscheidungsmerkmale von Fahrrädern, Pedelecs, S-Pedelecs und E-Bikes zu analysieren, um sie einander gegenüberzustellen. Es sollen vor allem Ähnlichkeiten und Unterschiede der oben genannten Typen abgeleitet werden. Um dieses Ziel zu erreichen, wird diese Seminararbeit wie folgt strukturiert. Das folgende Kapitel beginnt mit einem theoretischen Hintergrund der Fahrräder und ihrer Entwicklung im Laufe der Zeit. Anschließend werden die allgemeinen Unterschiede zwischen den einzelnen Modellen

---

1 Vgl. *Grett, P.*, u. a., E-Bikes und Pedelecs, 2011, S. 11.
2 Vgl. *Brodesser, M.*, E-Bike: Fahrtechnik & Sicherheit, 2017, S. 8.
3 Vgl. *Grett, P.*, u. a., E-Bikes und Pedelecs, 2011, S. 33.
4 Vgl. *Brodesser, M.*, E-Bike: Fahrtechnik & Sicherheit, 2017, S. 6.

erläutert. Im weiteren Verlauf wird zudem auf die genauen technischen und rechtlichen Unterscheidungsmerkmale eingegangen. Die Seminararbeit endet mit ihrer akademischen Analyse.

2 Konzeptionelle Grundlagen

2.1 Fahrräder, die sich mit der Zeit bewegen

Die Urform des heutigen Fahrrads ist die Laufmaschine, die aus zwei Rädern, einem leichten Holzgestell und einem Sitz bestand. Die Laufmaschine wurde 1817 von Karl Drais erfunden.[5] Der große Unterschied zwischen dem Fahrrad und der Laufmaschine ist, dass diese keine Pedale besaß. Der Grund dafür war, dass sich niemand traute, die Füße auf Dauer vom Boden zu nehmen.[6] Das erste kommerziell erfolgreiche Fahrrad wurde im Jahre 1860 von Pierre Michaux entwickelt, welches mit zusätzlichen Pedalen und Drehkurbeln am Vorderrad ausgestattet war. Im Laufe der Zeit wurden die Fahrräder hinsichtlich Ihrer Sicherheit, der Konstruktion, der verbauten Materialien, des Designs und der Antriebsart weiterentwickelt.[7]

Bereits im 19. Jahrhundert gab es erste Versuche, ein Fahrrad mit einem Motorantrieb wie z. B. einer Dampfmaschine auszustatten.[8] Das erste Elektrofahrrad für das ein U.S.-Patent erteilt wurde, hat Odgen Bolton aus den USA erfunden. Dieses bestand aus einem getriebelosen 6-poligen Nabenmotor im Hinterrad, der durch einen Gleichstrommotor mit Kommutator und Kohlebürsten angetrieben wurde. Außerdem wurde ein 10-Volt-Akku verbaut, welcher bis zu 100 Ampere abgeben konnte. Die Leistung betrug ca. einen kW. Die Steuerung erfolgte über einen am Lenkrad angebrachten Schalter. Da dieses Gefährt keine Pedale hatte, zählt es nicht zu den klassischen Elektrofahrrädern, es war eher eine motorisierte Laufmaschine oder eine Mischung aus Fahrrad und Roller. Der Nabenmotor ist heute der Standard bei den Elektrofahrrädern. Damals wie heute hatten die Elektrofahrräder schon eine dreiteilige Steuerung, die bei preisgünstigen Modellen zu finden ist. Die Steuerung besteht aus drei verstellbaren Stufen: Aus, Ecomodus (= Sparmodus) und dem Normalmodus. Im Verlauf der Zeit wurden die Antriebskonzepte weiterentwickelt, die sich jedoch zum Teil nicht durchsetzen konnten. Ein Beispiel dafür ist der Antrieb über eine

---

5 Vgl. *Amenda, L. u. a.*, DAS FAHRRAD. Kultur, Technik, Mobilität, 2014, S. 15.
6 Vgl. Lessing, H.-E., Das Fahrrad, Eine Kulturgeschichte, 2017, S. 26.
7 Vgl. *https://www.fahrrad.de/info/entwicklung-des-fahrrads/#fahrradde*, Zugriff am 08.12.18.
8 Vgl. *Grett, P.*, u. a., E-Bikes und Pedelecs, 2011, S. 14.

Reibrolle, der direkt über dem Hinterreifen des Fahrrads angebracht wurde. Das Antriebsrad, der Antriebsriemen und der Elektromotor waren über eine Welle miteinander verbunden. Einzig und allein hat sich der Antrieb über den Nabenmotor oder indirekt als Mittelmotor durch eine Kette auf das Hinterrad durchgesetzt. Die Entwicklung von Elektrofahrrädern trat in Europa wesentlich später ein.[9] Das Serienelektrorad wurde 1932 von der Firma Philips entwickelt und es kamen immer wieder neue Prototypen und Kleinserien auf den Markt. Der Durchbruch des Elektrofahrrades in Deutschland dauerte bis 2008 an. Von dort an schreiten die technischen Entwicklungen schnell fort und die Absatzzahlen steigen stark an. 2007 wurden 70.000 Elektrofahrräder in Deutschland verkauft, im Jahr 2013 waren es schon 430.000.[10]

2.2 Typeneinteilung und deren wesentlichen Unterscheidungsmerkmale

Neben des Fahrrades ohne Elektroantrieb gibt es drei unterschiedliche Modelle der Elektro-Zweiräder. Darunter fallen folgende Typen: Das Pedelec, das S-Pedelec und das E-Bike.[11]

Das Fahrrad ist ein zweirädriges Fahrzeug, das durch Treten in die Pedale angetrieben wird. Es gibt für fast jeden Zweck z. B. für die Stadt, für das Gelände, für das sportliche Radeln, für die Reise, für windschnittiges Radfahren, für Paare und für Pendler, geeignete Typen.[12] Dazu gehört das Cityrad, das Trekkingrad, das All-Terrain-Bike (welches eine Mischung aus dem Trekkingrad und Mountainbike ist), das Mountainbike, das Rennrad, das Fitnessrad und das Faltrad. Das sind die wichtigsten und gefragtesten Fahrradtypen, welche es heutzutage auch alle mit Elektro-Unterstützung gibt.[13] Die meisten Fahrräder haben zwei Räder, zwei Bremsen, eine Gangschaltung, einen Lenker und einen Sattel. Damit hören die Gemeinsamkeiten auf.[14]

Das Pedelec (= Pedal Electric Cycle) ist das beliebteste Modell der Elektroräder. Bei diesem Modell muss der Fahrer selbst in die Pedale treten, um von dem Motor unterstützt zu werden. Daher ist das Pedal Electric Cycle dem klassischen Fahrrad am

---

[9] Vgl. *Gressmann, M.*, u. a., Fachwissen E-Bike, 2016, S. 7 ff.
[10] Vgl. *Schmidt, A.*, Alles über E-Bikes und Pedelecs, 2014, S. 12.
[11] Vgl. *Gressmann, M.*, u. a., Fachwissen E-Bike, 2016, S. 21.
[12] Vgl. *Hoffmann, U.*, Das Fahrradbuch, 2013, S. 9.
[13] Vgl. *https://www.test.de/Fahrrad-Was-Radler-wissen-muessen-1106507-1106624/*, Zugriff am 27.12.2018.
[14] Vgl. *Hoffmann, U.*, Das Fahrradbuch, 2013, S. 10.

ähnlichsten.[15] Beim Erreichen der Höchstgeschwindigkeit von ca. 25 km/h schaltet sich der Elektroantrieb ab. Der Fahrer kann dann selbstständig, also ohne Unterstützung des Motors so schnell fahren, wie er möchte.[16] Bis zu einer Geschwindigkeit von 6 km/h ist auch eine Anfahrhilfe oder Anschiebehilfe zulässig. Diese Motorunterstützung funktioniert auch ohne Betätigung der Pedale.[17]

Bei dem S-Pedelec, auch schnelles Pedelec genannt, darf der Elektromotor dem Fahrer bis zu einer Geschwindigkeit von 45 km/h unterstützen. Der Fahrer muss also selbst in die Pedale treten. Vor 2017 durfte das S-Pedelec eine Leistung von 500 Watt haben, ab 2017 sogar bis zu 4.000 Watt. Der Motor darf dabei nur eine maximale Kraft, die dem vierfachen der vom Fahrer eingesetzten Kraft entspricht, aufweisen.[18] Bis zu einer Schnelligkeit von 20 km/h darf der Motor das Kraftfahrzeug, auch ohne Tretunterstützung, über einen Gashebel antreiben.[19] Der Komponentenaustausch bei dem S-Pedelec ist reglementiert, d.h., dass bestimmte Teile wie z.B. Rahmen, Gabel, Motoreinheit und die Batterie nur gegen Teile mit einer TÜV-Zulassung ausgetauscht werden dürfen.[20]

Der Unterschied zwischen den beiden Pedelec-Arten und dem E-Bike ist, dass das E-Bike auch ohne Tretunterstützung vom Fahrer fährt. Daher werden die E-Bikes eher mit einem Mofa oder Motorroller verglichen als mit einem Fahrrad. Die E-Bikes teilen sich ähnlich wie die Fahrräder und (S)-Pedelecs in verschiedene Märkte auf. Diese sind z.B. das Stadtfahrrad, Mountainbike, Rennbike usw.[21] Je nach Verwendungszweck können die Interessenten hier auf die unterschiedlichen Typen zurückgreifen. Der Elektroantrieb wird durch einen am Lenker angebrachten Drehgriff oder Schaltknopf zugeschaltet.[22] Das Pedelec, das S-Pedelec und das E-Bike haben ein zulässiges Fahrzeuggewicht von 30 kg.[23]

---

[15] Vgl. *Grett, P.* u. a., E-Bikes und Pedelecs, 2011, S. 32.
[16] Vgl. *Haas, K.-G.*, E-Bike und Pedelec, 2018, S. 15.
[17] Vgl. *Schmidt, A.*, Alles über E-Bikes und Pedelecs, 2014, S. 23.
[18] Vgl. *Haas, K.-G.*, E-Bike und Pedelec, 2018, S. 16.
[19] Vgl. *Gressmann, M.*, u. a., Fachwissen E-Bike, 2016, S. 22.
[20] Vgl. *Schmidt, A.*, Alles über E-Bikes und Pedelecs, 2014, S. 25 f.
[21] Vgl. *Haas, K.-G.*, E-Bike und Pedelec, 2018, S. 17.
[22] Vgl. *https://www.sueddeutsche.de/auto/e-bike-elektrofahrrad-ist-nicht-gleich-elektrofahrrad-1.2028389-2*, Zugriff am 19.12.18.
[23] Vgl. *Gressmann, M.*, u. a., Fachwissen E-Bike, 2016, S. 22.

3 Technische und rechtliche Unterscheidungsmerkmale

3.1 Das Fahrrad

3.1.1 Der Fahrradaufbau

Das Grundgerüst eines herkömmlichen Fahrrads ist der Rahmen, der die Geometrie bestimmt, das gesamte Gewicht trägt sowie alle Einzelteile des Fahrrads zusammenhält. Die Gabel und die Geometrie bestimmen das Fahrverhalten und die Sitzposition. Die Geometrie beschreibt das Verhältnis wie Räder, Tretlagergehäuse, Sattel- und Sattelrohr zueinanderstehen. Der Abstand von Rad zu Rad, auch Radstand genannt, ist dabei entscheidend. Die gängigsten Materialen für die Fahrradrahmen sind Stahl, Aluminium und Carbon. Alle Materialien haben Ihre Vor- und Nachteile. Stahl z.B. ist preiswert und meist haltbarer als Aluminium und Carbon, dafür kann Stahl rosten. Aluminium ist leichter als Stahl, aber schwerer als Carbon und kann bei hoher Belastung schneller brechen. Ein Carbon Fahrradrahmen dagegen ist mit ca. 700 Gramm am leichtesten, dafür ist die Herstellung kompliziert und aufwendig und dementsprechend teuer.[24] Auch Rahmen aus Titan sind bei den teureren Fahrrädern zu erwerben.[25] Die Fahrradgabel gibt es als Starrgabel oder Federgabel (Siehe Abbildung 1). Beide Gabeln federn Stöße ab, wobei die Federgabel zusätzlich dämpft.[26] Oft wird von Fully und Hardtail-Rad gesprochen, besonders bei Mountainbikes. Der Beiname Fully leitet sich von Fullsuspension ab und bedeutet vollgefedertes Fahrrad. Ein Hardtail-Rad ist ein Fahrrad, dass mit einer Federgabel ausgestattet ist.[27] Die Federgabel federt nur am Vorderrad, das vollgefederte Fahrrad hingegen auch am Hinterbau.[28]

---

[24] Vgl. *https://www.test.de/Fahrradtechnik-im-Ueberblick-in-die-Gaenge-kommen-1791218-1791321/*, Zugriff am 26.12.2018.

[25] Vgl. *Hoffmann, U.*, Das Fahrradbuch, 2013, S. 65.

[26] Vgl. *https://www.test.de/Fahrradtechnik-im-Ueberblick-in-die-Gaenge-kommen-1791218-1791321/*, Zugriff am 28.12.2018.

[27] Vgl. *Hoffmann, U.*, Das Fahrradbuch, 2013, S. 10.

[28] Vgl. *Hoffmann, U.*, Das Fahrradbuch, 2013, S. 17.

Abbildung 1: Starre Gabel (links) und feststellbare Federgabel (mitte + rechts)

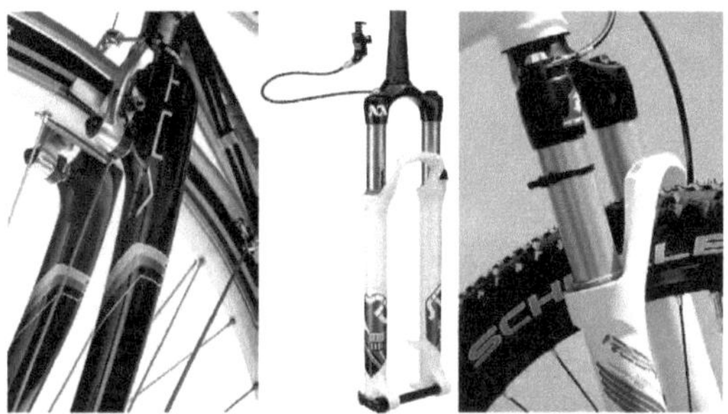

Quelle: *Hoffmann, Ulf*, Das Fahrradbuch, 2013, S. 68

Die Reifengröße ist von 26-Zoll bis 29-Zoll als Standard für Jugendliche und Erwachsene erhältlich.[29] Für Kleinkinder sind auch kleinere Reifengrößen erhältlich. Die Größen werden von der DIN-Norm ETRTO vorgegeben, welche den gängigsten Standard in Europa enthält.[30] Die Kettenschaltung ist bei den konventionellen Fahrrädern nach wie vor die häufigste verbaute Schaltung.[31] Neben Ketten- und Getriebeschaltungen gibt es noch die Nabenschaltung.[32] Die Hauptbestandteile eines Fahrrads sind in der Abbildung 2 aufgeführt.

---

29 Vgl. *Hoffmann, U.*, Das Fahrradbuch, 2013, S. 73.

30 Vgl. *https://www.fahrradreparatur.net/fahrradreifen-und-schlauch-gro-essen/#Kauf_des_neuen_Fahrradschlauchs_vermeiden*, Zugriff am 29.12.2018.

31 Vgl. *Hoffmann, U.*, Das Fahrradbuch, 2013, S. 87.

32 Vgl. *Hoffmann, U.*, Das Fahrradbuch, 2013, S. 86 f.

Abbildung 2: Alle wichtigen Fahrradteile

Anmerkung der Redaktion: Abbildung wurde aus urheberrechtlichen Gründen entfernt.

Quelle: *https://www.test.de/Fahrrad-Was-Radler-wissen-muessen-1106507-1106624/*, Zugriff am 25.12.2018.

3.1.3 Gesetzliche Rahmenbedingung für ein Fahrrad

Die Lenkeinrichtung muss so beschaffen sein, dass sie leicht zu betätigen ist.[33] Des Weiteren muss am Lenker eine helltönende Glocke befestigt sein. Diese ist vorgeschrieben und darf nicht durch andere Einrichtungen ersetzt werden.[34] Anhand zweier voneinander unabhängiger Bremsen wird gewährleistet, dass die Geschwindigkeit verringert werden kann.[35]

Die Teilnahme im Straßenverkehr bei Dunkelheit oder Dämmerung darf nur dann stattfinden, wenn das Fahrrad ausreichend beleuchtet ist.[36] Es muss jeweils ein Scheinwerfer (weißes Licht) nach vorne und eine Schlussleuchte (rotes Licht) nach hinten gerichtet sein. Die benötigte Lichtmaschine soll eine Nennspannung von 6 Volt abgeben. Zusätzlich können auch batteriebetriebene Leuchten verwendet werden, welche sich aber nicht gegenseitig nachteilig beeinflussen dürfen. Die lichttechnischen Einrichtungen unterliegen genauen Vorschriften, die festlegen, wo und auf welcher Höhe sie befestigt werden müssen. Für den Scheinwerfer, der nach vorne gerichtet ist, bedarf es einer Mindestanbauhöhe von 400 mm. Zudem darf eine

---

[33] Vgl. § 64 Abs. 1 StVZO.
[34] Vgl. § 64a StVZO.
[35] Vgl. § 65 Abs. 1 und Abs. 2 StVZO.
[36] Vgl. § 66a Abs. 1 StVZO.

maximale Höhe von 1200 mm nicht überschritten werden. Der Rückstrahler soll mindestens 250 mm vom Boden entfernt sein. Zusätzlich darf eine maximale Höhe von 1200 ebenfalls nicht überschritten werden.[37] Außerdem ist es notwendig, an den Pedalen vorwärts und rückwärts wirkende gelbe Reflektoren anzubringen.[38] Zusätzlich müssen mindestens zwei Reflektoren, die um 180° versetzt sind in den Speichen vorne und hinten, befestigt sein.[39] Die gesamte Einrichtung soll laut Gesetzgeber so installiert sein, dass ein fester Sitz sowie ein leichtes Verstellen im normalen Betrieb nicht möglich ist.[40]

Die Lichteinheiten sind so einzustellen, dass sie andere Verkehrsteilnehmer nicht blenden können.[41] Damit ein Diebstahl von Fahrrädern eingedämmt wird, ist jedes Fahrrad mit einer eigenen Identifikationsnummer versehen, welche in den Rahmen eingraviert wird.[42]

3.2 Das (S-)Pedelec

3.2.1 Die Technik im Detail

Da die Pedelecs und S-Pedelecs so ausgelegt sind, dass diese den Fahrer nur unterstützen, ist die Technik wesentlich komplexer als beim E-Bike. Zum Zweirad gehört der Elektromotor, der bei den zulassungsfreien Pedelecs auf 250 Watt Nennleistung beschränkt ist. Zusätzlich werden Komponenten wie Akku, Steuergerät und Sensoren verbaut, die das Pedelec ausmachen. Die Sensoren sind für das Messen von Drehmoment, Trittfrequenz und die Geschwindigkeit verbaut. Diese Messdaten werden an einem am Lenker montierten Bildschirm angezeigt. Manche Modelle zeigen nur die wichtigsten Betriebsdaten an, wie die Geschwindigkeit und den Akkuladestand.[43] Die Motorenleistung ist zwar auf 250 Watt begrenzt, dennoch unterscheiden sich die verschiedenen Modelle im Fahrverhalten. Das Drehmoment ist der ausschlaggebende Punkt. Gängig ist ein Drehmoment von 48 bis 90 Newtonmeter. Je höher das Drehmoment, desto höher ist die Durchzugskraft und die Dynamik des

---

[37] Vgl. § 67 Abs. 1 StVZO.
[38] Vgl. § 67 Abs. 5 StVZO.
[39] Vgl. § 67 Abs. 5.1 und 5.3 StVZO.
[40] Vgl. § 67 Abs. 2 StVZO.
[41] Vgl. § 67 Abs. 3 StVZO.
[42] Vgl. § 64b StVZO.
[43] Vgl. *Haas, K.-G.*, E-Bike und Pedelec, 2018, S. 21 f.

Motors. Für Anfänger ist es einfacher mit weniger Drehmoment zu fahren, da der Fahrer zuerst ein Gefühl für das Fahrverhalten bekommen muss.[44]

Neben der klassischen Kettenschaltung ist auch die vollautomatische Nabenschaltungen bekannt und verbreitet. Die vollautomatische Nabenschaltung, die bei den Pedelecs zu finden ist, grenzt sich von der der Fahrräder ab. Diese wird von manchen Herstellern im Motorgehäuse eingebaut, weshalb die Technik weniger Platz benötigt.[45]

Viele Pedelecs bieten verschiedene Fahrmodi an, die in drei bis fünf Stufen unterteilt sind. Die Modi geben den Unterstützungsgrad des Elektromotors vor. Je höher die Motorunterstützung, desto schneller entleert sich der Akku.[46]

3.2.2 Die Akku-Technologie

Akkumulatoren sind die Energiespeicher für Elektroantriebe. Zum Beispiel hat eine Batterie eine Kapazität von 8 Ah und eine Spannung von 36 Volt. Der Energiegehalt berechnet sich aus der Summe von Kapazität und Spannung und wird in der Einheit Wattstunde angegeben. Für das genannte Beispiel ergibt sich also ein Energiegehalt von 288 Wh.[47] Heutzutage ist ein Energiegehalt von 500 Wh üblich.[48] Die übliche Batteriespannung beträgt 36 oder 48 Volt (V) und wird vom Motor vorgegeben. Die Ladeelektronik arbeitet mit der restlichen Sensorik des Pedelecs zusammen, weshalb die Batterie nicht immer einfach durch eine andere ausgetauscht werden kann. Die meisten Anbieter haben aber Nachrüstsätze mit verschiedenen Kapazitäten im Produktportfolio.[49] Der Akku sollte nur mit dem originalen Ladegerät geladen werden. Dabei ist auf den richtigen Temperaturbereich zwischen 15-20 °C zu achten.[50]

Folgende Akku-Technologien werden offeriert:[51]

- Nickel-Metall-Hydrid (NiMH)
- Nickel-Cadmium (Ni-Cd)

---

[44] Vgl. *Haas, K.-G.*, E-Bike und Pedelec, 2018, S. 22.
[45] Vgl. *Haas, K.-G.*, E-Bike und Pedelec, 2018, S. 23.
[46] Vgl. *Haas, K.-G.*, E-Bike und Pedelec, 2018, S. 22 f.
[47] Vgl. *https://www.rad-reise-service.de/e-bikes-pedelecs.html*, Zugriff am 27.12.2018.
[48] Vgl. *Haas, K.-G.*, E-Bike und Pedelec, 2018, S. 47.
[49] Vgl. *Haas, K.-G.*, E-Bike und Pedelec, 2018, S. 46 ff.
[50] Vgl. Schmidt, A., Alles über E-Bikes und Pedelecs, 2014, S. 59.
[51] Vgl. Schmidt, A., Alles über E-Bikes und Pedelecs, 2014, S. 56.

- Lithium-Ionen (Li-Ion)
- Lithium-Polymer (LiPo)
- Blei-Vlies-Akkus

Zu empfehlen sind die Lithium-Ionen- und die Lithium-Polymer-Akkus, da diese über eine hohe Energiedichte und ein geringeres Gewicht verfügen. Außerdem gelten sie als weniger umweltschädlich als Akkus mit giftigen Substanzen, wie Blei- oder Cadmium-Akkus.[52] In modernen Pedelecs werden aufgrund ihrer Langlebigkeit beinahe ausschließlich Lithium-Ionen-Batterien verbaut. Die Haltbarkeit ist je nach Hersteller auf 500 bis 1.000 Ladezyklen begrenzt.[53] Mit 2-4 kg macht er einen erheblichen Teil des Gesamtgewichts aus, weshalb die Wahl des richtigen Akkus von großer Bedeutung ist.[54] Die Akkumulatoren sind auch für die Reichweite und Langlebigkeit des Fahrzeugs verantwortlich.[55]

Die Reichweite mit einer Batterieladung beträgt bei normaler Motorunterstützung, normalgewichtigem Fahrer (unter 100 kg) und einer ebenen Fahrbahn ca. 90 km mit einem 400-Wh-Akku und ca. 115 km mit einem 500-Wh-Akku. Mittlerweile gibt es Pedelecs mit zwei Akkuhalterungen, damit noch größere Strecken zurückgelegt werden können.[56] Die maximale Reichweite ist von vielen weiteren Einflüssen abhängig wie z. B. der Wetterlage, der Bodenbeschaffenheit, der körperlichen Fitness usw.[57]

3.2.3 Die Antriebskonzepte

Der Antrieb ist das Herzstück eines Elektrorades, egal ob Pedelec, S-Pedelec oder E-Bike. Die Antriebsanlage enthält den Elektromotor, die Steuereinheit und den Akku.[58] Man unterscheidet zwischen dem Mittelantrieb, dem Frontantrieb und dem Heckantrieb.

Der Mittelmotor ist der beliebteste bei den Pedelecs, denn dieser hat durch den niedrigen Schwerpunkt am Fahrzeug, Sicherheitsvorteile und kommt dem normalen

---

[52] Vgl. *https://www.rad-reise-service.de/e-bikes-pedelecs.html*, Zugriff am 27.12.2018.
[53] Vgl. *https://www.zeit.de/mobilitaet/2017-06/pedelecs-e-bikes-akku-pflege*, Zugriff am 31.12.2018.
[54] Vgl. *Schmidt, A.*, Alles über E-Bikes und Pedelecs, 2014, S. 56.
[55] Vgl. *Grett, P.* u. a., E-Bikes und Pedelecs, 2011, S. 53.
[56] Vgl. *Haas, K.-G.*, E-Bike und Pedelec, 2018, S. 48.
[57] Vgl. *https://www.fahrrad.de/information-navi/rund-ums-fahrrad/ueber-e-bikes/akku.html#akkulaufzeit*, Zugriff am 30.12.2018.
[58] Vgl. *Schmidt, A.*, Alles über E-Bikes und Pedelecs, 2014, S. 43.

Fahrrad beim Fahrverhalten am nächsten.[59] Außerdem sorgt der niedrige Schwerpunkt für ein sicheres Fahrgefühl und -komfort.[60] Alle Antriebe haben Ihre Vor- und Nachteile. Der Heck- und Frontmotor benötigt im Vergleich zum Mittelmotor keinen speziellen Rahmen, der den Motor und den Akku aufnimmt.[61] Dadurch steigen die Entwicklungs- und Produktionskosten beim Elektrorad mit Mittelantrieb, die sich im Verkaufspreis widerspiegeln.[62] In der Vergangenheit war dieser Antrieb der teuerste. Heutzutage bestärken noch andere Bestandteile den konstruktiven Aufwand und dadurch auch den Preis eines Pedelecs in höherem Maße. Moderne Mittelantriebe treiben das Tretlager mit an, wobei damals ein Kettenantrieb gängig war. Ein Antrieb am Tretlager ist jedoch technisch gegenwärtiger.

Der Frontantrieb lässt sich bei einem konventionellen Fahrrad relativ einfach nachrüsten, da es sich um einen Nabenmotor im Vorderrad handelt. Ein Vorderradmotor ist im Vergleich zu den anderen Antrieben günstiger zu erwerben. Aufgrund des hohen Gewichtes im vorderen Teil des Elektrorades wird das Lenkverhalten beeinflusst. Bei glatter Fahrbahn kommt es häufiger vor, dass das angetriebene Vorderrad leichter durchdreht. Der Antrieb hat beim Beschleunigen oft spürbare Verzögerungen und zählt als vergleichsweise laut.

Ein Hinterradmotor hat den Vorteil, dass dieser den Anpressdruck und die Traktion des Reifens verbessert. Das kommt dem Fahrer besonders bei Geländefahrten und auf rutschigem Boden zugute. Bei hohen Geschwindigkeiten hat dieser Motor einen besseren Wirkungsgrad, bei langsamen Fahrten ist der Mittelmotor effizienter.[63] Außerdem ist beim Heckantrieb je nach Hersteller und Modell eine Rekuperation möglich.[64] Rekuperation bedeutet, dass Energie während der Fahrt zurückgewonnen und als Strom dem Akku zugeführt wird. Dies geschieht vor allem beim Bremsen und bei Talfahrten.[65] Heckantriebe können zudem mit einer Kettenschaltung verknüpft werden, vereinzelt werden auch Nabenschaltungen angeboten. Eine Rücktrittsbremse

---

59 Vgl. *Haas, K.-G.*, E-Bike und Pedelec, 2018, S. 24 ff.
60 Vgl. *Grett, P.* u. a., E-Bikes und Pedelecs, 2011, S. 45.
61 Vgl. Vgl. *Hoffmann, U.*, Das Fahrradbuch, 2013, S. 55.
62 Vgl. *Schmidt, A.*, Alles über E-Bikes und Pedelecs, 2014, S. 46.
63 Vgl. *Haas, K.-G.*, E-Bike und Pedelec, 2018, S. 25 ff.
64 Vgl. *Schmidt, A.*, Alles über E-Bikes und Pedelecs, 2014, S. 48.
65 Vgl. *Grett, P.* u. a., E-Bikes und Pedelecs, 2011, S. 48.

wird selten verbaut, da die Montage kompliziert ist.[66] Die Rücktrittsbremse ist beim Front- und Mittelmotor zu finden, meistens aber beim Frontantrieb.[67]

Abbildung 3: Nabenmotor im Vorderrad

Anmerkung der Redaktion: Abbildung wurde aus urheberrechtlichen Gründen entfernt.

Quelle: *http://leichter-fahren.de/antriebsarten/vorderrad-antrieb.html*, Zugriff am 04.01.2019.

3.3 Rechtliche Unterscheidungsmerkmale von Pedelecs und S-Pedelecs

3.3.1 Rechtliche Definition eines Pedelecs

Der Begriff Pedelec beschreibt eine spezielle Form des Fahrrades. Das Hauptunterscheidungsmerkmal zum klassischen Fahrrad liegt darin, dass die Vorwärtsbewegung nicht nur per Muskelkraft getätigt wird, sondern zusätzlich eine elektrische Trethilfe verbaut wird. Diese darf maximal eine Nenndauerleistung von 250 Watt haben, bei Überschreitung dieser Grenze wird das Fahrzeug rechtlich nicht mehr als Fahrrad angesehen. Aus diesem Grund passt sich die Unterstützung progressiv der Fahrzeuggeschwindigkeit an und schaltet ab, sobald der Fahrer die Geschwindigkeit verringert oder eine Geschwindigkeit von 25 km/h erreicht ist. In den meisten Fällen verfügen Pedelecs über eine so genannte Anfahr- oder Schiebehilfe, diese funktioniert auch ohne gleichzeitiges Treten der Pedale. Sie ist jedoch auf eine Geschwindigkeit von 6 km/h begrenzt. Mit dieser Voraussetzung gilt das Pedelec rechtlich als

66 Vgl. *Grett, P.* u. a., E-Bikes und Pedelecs, 2011, S. 44.
67 Vgl. *Schmidt, A.*, Alles über E-Bikes und Pedelecs, 2014, S. 46 ff.

Fahrrad. Somit ist das Benutzen der ausgeschilderten Radwege erlaubt und es besteht keine Helmpflicht.[68]

3.3.2 Rechtliche Definition eines S-Pedelecs

Im Wesentlichen unterscheiden sich S-Pedelecs und Pedelecs in der Abschaltung der Tretunterstützung. Hierbei liegt das Maximum der Endgeschwindigkeit bei 45 km/h, mittels Gashebel können diese bis zu einer Geschwindigkeit von 20 km/h ohne Tretunterstützung beschleunigen. Die Nenndauerleistung des Motors darf maximal 4.000 Watt betragen. Aus diesem Grund gehören sie der Kategorie Kleinkrafträder an.[69]

3.3.3 Rechtliche Voraussetzung für das S-Pedelec

Die Benutzung eines S-Pedelecs im öffentlichen Straßenverkehr ist nur mit einem gültigen Führerschein der Klasse „AM" zulässig. Zusätzlich muss ein Versicherungskennzeichen montiert sein, dies sollte sich möglichst unter der Schlussleuchte befinden.[70] Ab einer bauartbedingten Höchstgeschwindigkeit von über 20 km/h muss ein „geeigneter Schutzhelm" getragen werden.[71] Dieser ist gleichzusetzen mit einem Kraftradhelm nach der ECE- 22 Norm.[72]

Das Befahren von Radwegen oder nur für Fahrräder zulässigen Straßenabschnitten ist verboten, außer diese werden mit entsprechenden Verkehrszeichen für Kleinkrafträder freigegeben. Außerorts dürfen diese Wege mitbenutzt werden.[73]

3.4 Rechtliche Merkmale eines E-Bikes

3.4.1 Rechtliche Definition eines E-Bikes

Das E-Bike umschreibt ein Elektrofahrrad, das mittels eines Elektromotors angetrieben wird. Dieser ist unabhängig von der Tretleistung des Menschen und wird über

---

68 Vgl. *https://www.emotion-technologies.de/e-bike-infos/häufige-fragen/rechtliches/*, Zugriff am 23.12.2018.

69 Vgl. § 2 Abs. 11a FZV.

70 Vgl. § 27 Abs. 3 FZV.

71 Vgl. § 21a Abs.2 StVO.

72 Vgl. *http://www.msf-gersweiler.de/files/helm_norm.pdf*, Zugriff am 22.12.2018.

73 Vgl. *https://www.emotion-technologies.de/e-bike-infos/häufige-fragen/rechtliches/*, Zugriff am 23.12.2018.

einen Gashebel gesteuert. In Abhängigkeit von der Leistung des Motors werden 3 unterschiedliche Klassifizierungen getroffen.[74]

3.4.1 E-Bike bis 20 km/h

Für E-Bikes ist die Höchstgeschwindigkeit aufgrund der Bauweise auf 20 km/h beschränkt und darf diese auch nicht überschreiten.[75] Aus diesem Grund gehören diese zu der Kategorie der Leichtmofa. Der Motor darf maximal eine Nenndauerleistung von 500 Watt haben.[76] Deshalb besteht für diese Klasse keine Helmpflicht.[77] Die Teilnahme am Straßenverkehr ist nur zulässig, wenn eine Mofa-Prüfbescheinigung vom Fahrer mitgeführt wird.[78] Zusätzlich muss ein Versicherungskennzeichen befestigt sein.[79] Die Benutzung von Radwegen innerorts muss ausdrücklich mit einem Schild freigegeben sein. Außerorts gilt dies nicht, eine Mitbenutzung ist daher zulässig.[80]

3.4.2 E-Bike bis 25 km/h

Rechtlich gesehen handelt es sich bei einem E-Bike bis 25 km/h um ein Mofa, und zählt zu der Kategorie Kleinkraftrad. Allerdings benötigt der Fahrer keinen Führerschein, jedoch eine Mofa- Prüfbescheinigung.[81] Außerdem wird vom Gesetzgeber verlangt, dass ein Versicherungskennzeichen montiert ist.[82] Die Bauartbedingte Höchstgeschwindigkeit von 25 km/h darf nicht überschritten werden.[83] Diese Einordnung verpflichtet den Fahrer einen Helm während der Fahrt zu tragen.[84]

3.4.3 E-Bike bis 45 km/h

Bei dem E-Bike bis 45 km/h handelt es sich rechtlich gesehen um ein Kleinkraftrad. Durch den Erwerb eines Führerscheins der Klasse „AM" ist die Teilnahme am Straßenverkehr zulässig. Die Nenndauerleistung des Motors darf maximal 4000 Watt

---

[74] Vgl. *https://www.emotion-technologies.de/e-bike-infos/häufige-fragen/rechtliches/*, Zugriff am 21.12.2018.
[75] Vgl. § 3 Abs. 2.3 Leichtmofa- Ausnahmeverordnung.
[76] Vgl. § 3 Abs. 2.2 Leichtmofa- Ausnahmeverordnung.
[77] Vgl. § 2 Leichtmofa- Ausnahmeverordnung.
[78] Vgl. § 5 Abs. 4 FeV.
[79] Vgl. § 27 Abs. 3 FZV.
[80] Vgl. § 2 Abs. 4 StVO.
[81] Vgl. § 5 Abs. 1 FeV.
[82] Vgl. § 27 Abs. 3 FZV.
[83] Vgl § 4 Abs. 1 FeV.
[84] Vgl. § 21a Abs.2 StVO.

betragen. Bedingt durch die Bauart darf die zugelassene Höchstgeschwindigkeit von 45 km/h nicht überschritten werden.[85] Zusätzlich schreibt der Gesetzgeber auch hierfür vor, dass ein Versicherungskennzeichen montiert sein muss.[86] Das Tragen eines geeigneten Schutzhelmes ist Pflicht. Dieser muss wie beim S-Pedelec nach der ECE- 22 Norm ausgelegt sein.[87]

4 Ergänzende rechtliche Voraussetzungen

Durch die gesetzliche Einordnung der unterschiedlichen Klassen schreibt der Gesetzgeber ein Mindestalter vor, welches erreicht sein muss, um beispielweise die Führerscheinprüfung abzulegen.[88] Für welche Kategorie ein Führerschein benötigt wird und welches Mindestalter erfüllt sein muss, ist in der untenstehenden Tabelle aufgelistet (Siehe Tabelle 1).

Ein weiterer wichtiger Aspekt ist, dass der Fahrer nicht alkoholisiert am Straßenverkehr teilnehmen darf. Der Maximalwert ist deutlich höher bei der Kategorie „Fahrrad" hier liegt der Wert bei 1,6 Promille.[89] Durch das Ablegen einer Führerscheinprüfung sinken diese Maximalwerte auf 0,5 Promille ab.[90]

Der Führerschein für die Klasse „AM" wird nur dann benötigt, wenn noch kein Führerschein vorhanden ist. Mit Erhalt des Führerscheines der Klasse „B" wird die Klasse „AM" mit abgedeckt.[91]

---

85 Vgl. § 2 Abs. 11a FZV.
86 Vgl. Vgl. § 27 Abs. 3 FZV.
87 Vgl. § 21a Abs. 2 StVO.
88 Vgl. §10 Abs. 1 FeV.
89 Vgl. *https://www.forschungsinformationssystem.de/servlet/is/355098/*, Zugriff am 27.12.2018.
90 Vgl. § 24a Abs. 1 StVG.
91 Vgl. *https://www.forschungsinformationssystem.de/servlet/is/355098/*, Zugriff am 27.12.2018.

Tabelle 1: Gesetzliche Bestimmungen für Elektrofahrräder und Fahrräder

Typ	EU- Typ	Fahrzeugart	Höchstge-schwindigkeit in km/h	Max. Leistung in (Watt)	Versicherung s-kennzeichen	Helm-pflicht	Betriebs-erlaubnis	Alters-beschränkun g	Promille Grenze	Führerschein-klasse	Radweg-benutzung
Fahrrad	-	Fahrrad	-	-	nein	nein	nein	-	1,6 ‰	-	ja
Pedelec	-	Fahrrad	25 mit Treten 6 ohne Treten	250	nein	nein	nein	-	1,6 ‰	-	ja
S- Pedelec	L1e- A	Kleinkraft-rad	45 mit Treten	500	ja	ja	ja	16	0,5‰	AM	nein
E- Bike bis 20 km/h	L1e- A	Leicht-mofa	20 ohne Treten	500	ja	nein	ja	15	0,5‰	allgemeine Fahrerlaubnis oder Mofa-Führerschein	nur bei Freigabe Mofa/ E-Bike
E- Bike bis 25km/h	L1e- A								0,5‰	allgemeine Fahrerlaubnis oder Mofa-Führerschein	nur bei Freigabe Mofa/ E-Bike
nein	nein	nein	nein	nein	nein	nein	nein	nein	nein	nein	nein

Quelle: In Anlehnung an *https://www.forschungsinformationssystem.de/servlet/is/355098/*, Zugriff am 11.12.2018

5 Europäische Richtlinien

Durch das Inkrafttreten der EU-Richtlinie 168/2013/EG vom 15. Januar 2013 besteht eine europaweite Verordnung. In dieser werden Richtlinien über zweirädrige Kraftfahrzeuge, die am Straßenverkehr teilnehmen niedergeschrieben und in Kategorien unterteilt.[92] Des Weiteren werden Voraussetzungen an die einzelnen Bauteile gestellt, sowie an deren technischen Einheiten. An diese Richtlinien müssen sich die Hersteller der Elektrofahrräder halten und bei neu entwickelten Fahrrädern berücksichtigen.[93]

6 Bußgeldkatalog

Die Fahrer der unterschiedlichen Klassen gehen mit der Teilnahme am Straßenverkehr gewisse Grundregeln ein. Diese beinhalten ständige Vorsicht und gegenseitige Rücksichtnahme. Nicht zuletzt soll vermieden werden, dass andere zu Schaden kommen oder durch Fehlverhalten gefährdet werden.[94] Bei einer Missachtung der Straßenverkehrsordnung kann dies mit Bußgeldern, Punkten im

[92] Vgl. Artikel 1 168/2013/EG.
[93] Vgl. Artikel 2 168/2013/EG.
[94] Vgl. § 1 StVO.

Fahreignungsregister bis hin zu Fahrverboten belangt werden.[95] Anhängig von der Fahrzeugklasse ist das Strafmaß unterschiedlich. Wie die untenstehenden Beispiele verdeutlichen, besteht ein Unterschied, ob es sich um ein Fahrrad oder um ein E-Bike handelt. Wie hoch das Strafmaß ist, kann aus dem Bußgeldkatalog entnommen werden.[96]

Beispiel 1: Handy am Steuer

Die Benutzung eines Mobiltelefons auf dem Fahrrad wird mit einem Bußgeld in Höhe von 55,00 € geahndet.[97] Im Vergleich dazu ist für die Benutzung auf einem E- Bike jeder Klasse ein Bußgeld von 100,00 € und ein Punkt im Verkehrszentralregister fällig.[98]

Beispiel 2: Rote Ampel überfahren

Wenn der Fahrer mit einem Fahrrad über eine rote Ampel fährt, muss dieser mit einem Bußgeld in Höhe von 60,00 € rechnen, sowie mit einem Punkt im Verkehrs-zentralregister.[99] Handelt es sich um ein E-Bike, steigt die Geldstraße auf 90,00 € und einen Punkt in Flensburg.[100]

7 Fazit

Der Bereich Elektro-Zweiräder erlebt insbesondere zur heutigen Zeit großes Aufsehen, da das Thema der Diesel-Fahrverbote in Großstädten an Relevanz gewinnt. Viele Menschen machen sich Gedanken, wie sie umweltschonend fahren, z. B. zur Arbeit gelangen. Daher steigen einige Leute auf ein Elektro-Zweirad um, mit dem sie kurze oder mittellange Strecken zurücklegen können. Durch die rechtliche Einordnung der unterschiedlichen Typen, macht es die Gesetzgebung den potenziellen Fahrern nicht einfach. Jeder Elektro-Zweirad-Fahrer muss daher für sich selbst abwägen, welches Modell für ihn in Frage kommt. In den meisten Fällen ergibt es Sinn, sich ein Pedelec bis 25 km/h anzuschaffen, da hier sämtliche Vorteile vom Fahrrad mitinbegriffen sind und trotzdem mit wenig Kraft eine mittellange Strecke zurückgelegt werden kann. Da für die schnellen Pedelecs und E-Bikes ein Führerschein

[95] Vgl. § 26a StVG.
[96] Vgl. Anlage zu § 1 Abs. 1 BKat.
[97] Vgl. *https://www.bussgeldkatalog.org/fahrrad-handy/*, Zugriff am 02.01.2019.
[98] Vgl. *https://www.bussgeldkatalog.org/handy/*, Zugriff am 02.01.2019.
[99] Vgl. *https://www.bussgeldkatalog.org/fahrrad-rote-ampel/*, Zugriff am 04.01.2019.
[100] Vgl. *https://www.bussgeldkatalog.org/rote-ampel/*, Zugriff am 05.01.2019.

benötigt wird, ist dies für viele erst einmal abschreckend. Trotzdem sollte sich jeder darüber im Klaren sein, dass jeder, der bereits über einen Führerschein der Klasse „B“ verfügt, keinen zusätzlichen Führerschein erwerben muss. Aus diesem Grund könnte es auch für diejenigen interessant sein, die etwas weitere Wege zurücklegen müssen. Durch die ständige Verbesserung der Akku- Technik, können immer größer Distanzen zurückgelegt werden.

Durch die kleinen gesetzlichen Unterschiede ist es für den Amateur schwierig das passende zu finden. Hierbei sollte der Verkäufer den Käufer darauf hinweisen, welche Grundvoraussetzung erfüllt sein müssen, um am Straßenverkehr teilzunehmen. Wer sich ein Elektro-Zweirad anschaffen möchte, sollte vorher die unterschiedlichen Modelle Probefahren. Die Meisten unterschätzen das Drehmoment, das entweder unterstützend wirkt oder der kompletten Fortbewegung dient. Die Reglementierung durch den Gesetzgeber ist unbedingt notwendig, da sonst zu leichtfertig mit den Elektro-Zweirädern umgegangen wird. Um weitere Interessenten zu gewinnen, könnte die Infrastruktur weiter für Zweiräder ausgebaut werden und z. B. einen gesonderten Bereich für Kleinkrafträder geschaffen werden. Es gibt viele Möglichkeiten um die Alternative, Elektro-Zweiräder, zu unterstützen. Doch dies ist die Aufgabe der Politik. Aus der rechtlichen und technischen Sicht ist es mittlerweile möglich, kurze bis mittellange Strecken zurück zu legen. Viele Arbeitgeber fördern dies und bauen auf Ihrem Werksgelände Fahrrad-Steckdosen. Abschließend ist zu sagen, dass der Bereich Elektromobilität in Zukunft immer relevanter wird, sodass Elektrofahrräder im Alltag allgegenwärtig werden. Die Wichtigkeit des Umweltschutzes spiegelt sich in den steigenden umweltpolitischen Maßnahmen wieder, die der Elektromobilität und deren Unterstützung sowie Weiterentwicklung in Zukunft zugutekommen werden.

Literaturverzeichnis

Brodesser, Marc (E-Bike, 2017): E-Bike: Fahrtechnik & Sicherheit, München: BLV, 2017

Gressmann, Michael, Müller, Eberhard, Retzbach, Ludwig (Fachwissen E-Bike, 2016): Fachwissen E-Bike Technik der Leicht-Elektrofahrzeuge, 2. Aufl., Haan-Gruiten: Europa-Lehrmittel, 2016

Grett, Peter, Neupert, Hannes, Köstle, Werner (E-Bikes, 2011): E-Bikes und Pedelecs Technik – Typen – Kaufberatung von Elektrofahrrädern, München: Bruckmann, 2011

Haas, Karl-Gerhard (E-Bike & Pedelec, 2018): E-Bike & Pedelec, Berlin: Stiftung Warentest, 2018

Hoffmann, Ulf (Das Fahrradbuch, 2013): Das Fahrradbuch: Kauf, Technik, Wartung, Reparaturen, E-Bikes und Pedelecs, 2. Aufl., Berlin: Stiftung Warentest, 2013

Huth, Benjamin (Das Fahrrad, 2014): Eine kurze Technikgeschichte des Fahrrads, in: Bäumer, Mario (Hrsg.), DAS FAHRRAD. Kultur, Technik, Mobilität, Hamburg: Junius, 2014, S. 15

Lessing, Hans-Erhard (Das Fahrrad, 2017): Das Fahrrad: Eine Kulturgeschichte, Stuttgart: Klett-Cotta, 2017

Schmidt, Achim (E-Bikes und Pedelecs, 2014): Alles über E-Bikes und Pedelecs, Aachen: Meyer & Meyer, 2014

Internetquellen

Adac.de (Rechtliche Einordnung, 2013): Rechtliche Einordnung von Pedelecs und E-Bikes, <https://www.adac.de/-/media/adac/pdf/jze/pedelecs-e-bikes.pdf?la=de-de> (keine Datumsangabe) [Zugriff 2018-12-11]

bussgeldkatalog.org (Handy auf dem Fahrrad benutzen, 2019): Bußgeldkatalog, Telefonieren während der Fahrt mit dem Fahrrad <https://www.bussgeldkatalog.org/fahrrad-handy/> (keine Datumsangabe) [Zugriff 2019-01-02]

bussgeldkatalog.org (Handy am Steuer, 2019): Neuer Bußgeldkatalog Handy am Steuer (seit dem 19.10.2017) <https://www.bussgeldkatalog.org/handy/> (keine Datumsangabe) [Zugriff 2019-01-02]

bussgeldkatalog.org (Rote Ampel mit dem Fahrrad überfahren, 2019): Bußgeldkatalog Rotlichtverstoß mit dem Fahrrad <https://www.bussgeldkatalog.org/fahrrad-rote-ampel/> (keine Datumsangabe) [Zugriff 2019-01-04]

bussgeldkatalog.org (Rote Ampel überfahren, 2019): Bußgeldkatalog rote Ampel <https://www.bussgeldkatalog.org/rote-ampel/> (keine Datumsangabe) [Zugriff 2019-01-05]

emotion-technologies.de (Pedelec und rechtliche Bestimmungen, o. J.): e-Bike und Pedelec: Was ist der Unterschied? <https://www.emotion-technologies.de/e-bike-infos/häufige-fragen/rechtliches/> (keine Datumsangabe) [Zugriff 2018-12-31]

Fahrrad.de (Entwicklung Fahrrad, o. J.): Die Entwicklung des Fahrrads, <https://www.fahrrad.de/info/entwicklung-des-fahrrads/#fahrradde> (keine Datumsangabe) [Zugriff 2018-12-08]

Fahrrad.de (Wissenswertes zum Akku, o. J.): Alles Wissenswerte zum Akku deines E-Bikes, <https://www.fahrrad.de/information-navi/rund-ums-fahrrad/ueber-e-bikes/akku.html#akkulaufzeit> (keine Datumsangabe) [Zugriff 2018-12-30]

Hommen, Mario (Pedelecs, Akku, 2017): Pedelecs, so bleiben Akkus länger fit, <https://www.zeit.de/mobilitaet/2017-06/pedelecs-e-bikes-akku-pflege> (2017-06-10) [Zugriff 2018-12-31]

Koch, Holger (Pedelecs: Technikdetails, o. J.): Elektrofahrräder Pedelecs E-Bikes Technikdetails, <https://www.rad-reise-service.de/e-bikes-pedelecs.html> (keine Datumsangabe) [Zugriff 2018-12-27]

Leichter-fahren.de (Vorderradmotor, o. J.): Antriebsarten, Vorderradmotor, <http://leichter-fahren.de/antriebsarten/vorderrad-antrieb.html> (keine Datumsangabe) [Zugriff 2019-01-04]

Msf-gersweiler.de (Helmnorm, o. J.): Die Helmnorm ECE-22-05, <http://www.msf-gersweiler.de/files/helm_norm.pdf> (keine Datumsangabe) [Zugriff 2018-12-29]

Sueddeutsche.de (Elektrofahrrad, 2018): Elektrofahrrad ist nicht gleich Elektrofahrrad, <https://www.sueddeutsche.de/auto/e-bike-elektrofahrrad-ist-nicht-gleich-elektrofahrrad-1.2028389-2> (2018-03-01) [Zugriff 2018-12-19]

Test.de (Fahrrad: Technik, 2017): Fahrrad: Das Große Technik-Special, <https://www.test.de/Fahrradtechnik-im-Ueberblick-in-die-Gaenge-kommen-1791218-1791321/> (2017-03-24) [Zugriff 2018-12-26]

Test.de (Fahrrad-Saison, 2018): Start in die Fahrrad-Saison: Was Radler wissen müssen, <https://www.test.de/Fahrrad-Was-Radler-wissen-muessen-1106507-1106624/> (2018-06-06) [Zugriff 2018-12-27]

Rechtssprechungsverzeichnis

BKatV (Bußgeldkatalog- Verordnung) i. d. F. v. 14.03.2013 (BGBI. I S. 498), zuletzt geändert durch Art. 3 der Verordnung v. 06.10.2017 (BGBI. I S. 3549), in: Juris (Hrsg.) Gesetze im Internet, hrsg. i.A. des Bundesministeriums der Justiz und für Verbraucherschutz (BMJV); https://www.gesetze-im-internet.de/bkatv_2013/BJNR049800013.html [Zugriff 2018-12-18]

FeV (Fahrerlaubnisverordnung) i. d. F. v. 05.03.2003 (BGBI. I S. 310,919), zuletzt geändert durch Art. 1 Nummer 2 des Gesetzes v. 17.07.2009 (BGBI. I S. 2021), in: Juris (Hrsg.) Gesetze im Internet, hrsg. i.A. des Bundesministeriums der Justiz und für Verbraucherschutz (BMJV); <https://www.gesetze-im-internet.de/fev_2010/> [Zugriff: 2018-12-18]

FZV (Fahrzeug- Zulassungsverordnung) i. d. F. v. 03.02.2011 (BGBI. I S. 139), zuletzt geändert durch Art. I der Verordnung v. 31.07.2017 (BGBI. I S. 3090), in: Juris (Hrsg.) Gesetze im Internet, hrsg. i.A. des Bundesministeriums der Justiz und für Verbraucherschutz (BMJV); <https://www.gesetze-im-internet.de/fzv_2011/> [Zugriff: 2018-12-21]

StVG (Straßenverkehrsgesetz) i. d. F. v. 05.03.2003 (BGBI. I S. 310,919), zuletzt geändert durch Art. 6 der Gesetze v. 17.08.2017 (BGBI. I S. 3202), in: Juris (Hrsg.) Gesetze im Internet, hrsg. i.A. des Bundesministeriums der Justiz und für Verbraucherschutz (BMJV); <https://www.gesetze-im-internet.de/stvg/> [Zugriff: 2018-12-20]

StVO (Straßenverkehrs-Ordnung) i. d. F. v. 06.03.2013 (BGBI. I S. 367), zuletzt geändert durch Art. 1 der Verordnung v. 06.10.2017 (BGBI. I S. 3549), in: Juris (Hrsg.) Gesetze im Internet, hrsg. i.A. des Bundesministeriums der Justiz und für Verbraucherschutz (BMJV); <https://www.gesetze-im-internet.de/stvo_2013/> [Zugriff: 2018-12-20]

StVRAusnV (Verordnung über Ausnahmen von straßenverkehrsrechtlichen Vorschriften (Leichtmofa- Ausnahmeverordnung)) i. d. F. v. 26.03.1993 (BGBI. I S. 394), zuletzt geändert durch Art. 7 § 1 der Verordnung v. 18.08.1998 (BGBI. I S. 2214), in: Juris (Hrsg.) Gesetze im Internet, hrsg. i.A. des Bundesministeriums der Justiz und für Verbraucherschutz (BMJV); <https://www.gesetze-im-internet.de/stvrausnv/> [Zugriff: 2018-12-19]

StVZO (Straßenverkehrs-Zulassungs-Ordnung) i. d. F. v. 26.04.2012 (BGBI. I S. 679), zuletzt geändert durch Art. 1 der Verordnung v. 20.10.2017 (BGBI. I S. 3723), in: Juris (Hrsg.) Gesetze im Internet, hrsg. i.A. des Bundesministeriums der Justiz und für Verbraucherschutz (BMJV); <https://www.gesetze-im-internet.de/stvzo_2012/> [Zugriff: 2018-12-19]

168/2013/EG Verordnung (EU) Nr. 168/2013 des Europäischen Parlaments und des Rates vom 15. Januar 2013 über die Genehmigung und Marktüberwachung von zwei- oder dreirädrigen und vierrädrigen Fahrzeugen Text von Bedeutung für den EWR; <http://www.fahrerlaubnisrecht.de/FeV%20neu/EU-Richtlinien%20-%20Verordnungen/EU-Verordnung%20Nr.%20168-2013%20vom%2015.01.2013.pdf> [Zugriff 2018-12-17]